Armin Täubner

Farbenfroher Frühling

Kinderleichte Fensterbilder aus Regenbogen-Karton

Von Armin Täubner sind im Handel zahlreiche Titel erhältlich. Hier eine Auswahl:

ISBN 3-7724-2028-1

ISBN 3-7724-1751-1

ISBN 3-7724-2030-3

ISBN 3-7724-1876-7

ISBN 3-7724-1883-X

ISBN 3-7724-1878-3

Zeichnungen: Armin Täubner

Auflage: 5. 4. | Letzte Zahlen
Jahr: 2001 2000 1999 98 97 | maßgebend

Autoren-Verlag GmbH

ISBN 3-931568-05-9 · Best.-Nr. 5006

Druck: frechverlag GmbH + Co. Druck KG, 70499 Stuttgart

Wenn nach den kalten Wintertagen die ersten Farbtupfer in der Natur auftauchen, zieht der Frühling auch in Ihre Wohnung ein. Denn in diesem Buch gibt's für Ihre Fenster und Wände die schönsten Szenen, die uns das Frühjahr schenkt: Eine bunte Blumenpracht, Küken, Schmetterlinge und natürlich auch der Osterhase mit seinen bunt bemalten Ostereiern.

Regenbogen-Karton ist für die Motive dieses Buches ein wunderbares Material - Sie können sowohl Regenbogen-Tonkarton als auch den etwas stabileren Regenbogen-Fotokarton verwenden. Beide Varianten verführen mit ihren prächtigen Farbspielen zu immer neuen Bastelaktionen, denn je nachdem, wo Sie die Schablonen auf dem Regenbogenmuster auflegen, sieht Ihr Motiv gleich wieder ganz anders aus!

Und da die Szenen meistens nur aus wenigen Teilen bestehen, sind sie recht einfach nachzuarbeiten - so können auch kleine Hände schon für einen farbenfrohen Frühling sorgen!

Schritt-für-Schritt-Anleitung

1. Pausen Sie alle Teile des ausgewählten Motivs mit einem Bleistift auf Transparentpapier nebeneinander und ohne Überschneidungen ab.
Anschließend kleben Sie das bemalte Transparentpapier auf einen dünnen Karton.

2. Die Teile werden nun mit dem Cutter bzw. einer Schere exakt ausgeschnitten. Das sind Ihre Schablonen.

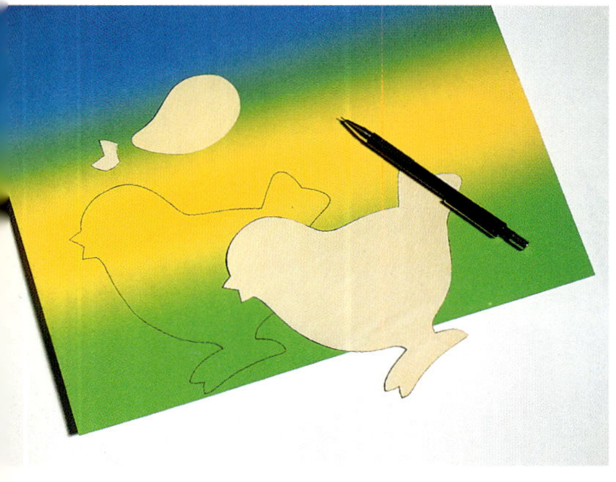

3. Legen Sie die Schablonen auf den Regenbogen-Ton- oder Regenbogen-Fotokarton, und ziehen Sie dann die Umrisse mit Bleistift nach.

4. Schneiden Sie nun die Teile in der benötigten Anzahl aus; der runde Lichtreflex in den Augen wird stets mit einer Lochzange ausgestanzt.

5. Anschließend kleben Sie die Teile zusammen. Das Foto und die Vorlage geben Ihnen jeweils Positionierungshilfen.

Sie können für die Motive dieses Buches entweder Regenbogen-Tonkarton (170 g/m^2) oder den etwas stabileren Regenbogen-Fotokarton (300 g/m^2) verwenden.

Weckruf für den Frühling

Am Kopf des farbenprächtigen Gesellen wird zuerst der Schnabel angebracht; Kamm und Kinnlappen berühren jeweils den Schnabelrand.

Abschließend kleben Sie noch das zweiteilige Auge und den Flügel an.

Frühlingsgruß

Auf den Korb kleben Sie zuerst das grüne Blatt-Stengel-Teil und darauf dann die roten Tulpenblüten. Beachten Sie, daß die große Blüte aus Stabilitätsgründen zusätzlich auch am Griff angeklebt werden muß.
Bei den Kükenaugen wird mit der Lochzange jeweils eine Öffnung herausgestanzt, bevor sie auf den Küken fixiert werden.

Der Osterhase

Aus dem Hasenauge wird mit der Lochzange ein kleines Loch ausgestanzt. Befestigen Sie das Auge, die beiden Ohren und den Schwanz am Hasenkörper.

Drei Ostereier werden von hinten und eines wird von vorne am Tragekorb befestigt - dann kann der Osterhase losmarschieren!

Blumenherz

Auf dem blau-grünen Herz werden zuerst die fünf Tulpen fixiert, dann erst folgen die zweiteiligen Blüten in Rot-Gelb.

Meine neue Schleife

Auf dem Entenkörper wird zuerst das Auge fixiert, aus dem Sie mit der Lochzange eine kleine Öffnung herausgestanzt haben. Dann folgen der Schnabel, das Bein und die hübsche Schleife.

Frühlingsstrauß

Das grüne Stiel-Blatt-Teil wird von hinten an den blauen Krug geklebt; nun können Sie die Tulpen- und Osterglockenblüten auf dem Grünteil nach Belieben anordnen.

Bunte Falter

Bei diesen leuchtend bunten Schmetterlingen können Sie zwischen zwei Varianten auswählen:

Bei den Faltern von Seite 12/13 kleben Sie auf das Flügelteil noch ein zusätzliches Vorderteil (durchgezogene Linie) mit vier herausgeschnittenen Innenflächen. Zwei dieser herausgeschnittenen Innenflächen werden noch als Dekoration auf die Hinterflügel geklebt.

Bunte Falter

Die einfache Version besteht nur aus einem Flügel- (gestrichelte Linie) und einem Rumpfteil (punktierte Linie).

Die ist für Dich!

Am gelborangen Kopf-Rumpf-Teil werden die zweiteiligen Ohren, das Auge und der Schwanz angeklebt. Abschließend befestigen Sie die zweiteilige Tulpe und den linken Arm.

Hasenpärchen

Die beiden Hasen unterscheiden sich nur durch die Position der Schleife! Zusätzlich werden noch Augen und Näschen aufgeklebt. Den Mund malen Sie mit einem Tuschefüller oder einem schwarzen Filzstift auf.

Blühende Tulpen

Auf das Grünteil werden nur noch die roten Blüten gesetzt - fertig!

Im Grünen

Auf die rote Hauswand kleben Sie zuerst das gelbe Reetdach. Es folgen das rote Giebelfenster sowie Tür und Fenster. Stellen Sie den zweiteiligen Baum und das Haus auf die Grünfläche - fertig ist die Idylle im Grünen!

Farbenfroher Frühling

Piepmätze

Diese farbenfrohen Gesellen sind ganz einfach zu basteln: Den Flügel und den Schnabel anbringen, aus dem Auge ein kleines Loch ausstanzen und ebenfalls fixieren.

Ein Häuschen auf dem Lande

Kleben Sie das leuchtend rote Dach auf die gelbe Hauswand; die beiden Schornsteine werden von hinten angebracht.

Mit der Schere werden die Tür und die zweiteiligen Fenster vor dem Aufkleben abgerundet. Zum Schluß stellen Sie das Häuschen auf den hellgrünen Rasen.

Fertig gepackt!

Sind die zweiteiligen Räder am Wagen angebracht, wird von hinten das Moos befestigt. Nun können die Eier im Moos verteilt werden. Abschließend kleben Sie von hinten noch die Deichsel an. Fertig gepackt!

Veilchen-Zeit

Auf das Grün werden jeweils die zweiteiligen Blüten geklebt; nach Wunsch können Sie das Motiv auch auf einer Gießkanne arrangieren.

Osterglocken

Hier sitzen die zweiteiligen Blüten einfach auf dem Grünteil.

Blüten-Freude

(Abbildung Seite 29)

Für die Blüten der Gänseblümchen benötigen Sie eine Kreisschablone mit dem Radius 2 cm. Übertragen Sie den Umriß mit Bleistift auf den Regenbogen-Karton, und schneiden Sie dann die Linie mit der Zackenschere nach. Anfang und Ende der Zackenlinie passen meistens nicht genau zusammen - diese Unregelmäßigkeiten lassen sich mit dem Cutter beheben.

Auf jede dieser gezackten Kartonscheiben kleben Sie einen gelben Kartonpunkt mit 1,5 cm Durchmesser.

Die fertigen Blüten können Sie entweder zusammen mit der lila Schleife zu einem Strauß anordnen, oder Sie kleben sie auf einen grünen Kartonring (z.B. Außendurchmesser 11 cm, Innendurchmesser 8,5 cm).

Es ist Frühling!

(Abbildung Seite 30)

Aus den beiden Hasenaugen stanzen Sie mit der Lochzange jeweils eine punktförmige Öffnung heraus. Nun werden die Augen, das Näschen sowie die orangeroten Innenohren auf den Kopf geklebt. Das Mäulchen malen Sie mit einem Tuschefüller auf.

Anschließend können Sie den Kopf und die Bauchfläche am Rumpf befestigen. Zum Schluß wird der Tulpenstiel samt den beiden Pfoten angebracht.

Es ist Frühling!

(Beschreibung Seite 28)

Veilchenkranz

Auf dem grünen Kranz werden die zweiteiligen Veilchen arrangiert.

Zwillingsentchen

Das Körperteil der Enten wird von hinten an die Eierschale geklebt. Bringen Sie nun die Flügel, die Schnäbel und die Augen der Entchen an.